COURS

PROFESSÉS

A L'ÉCOLE DES MINES DE PARIS

PAR

M. J. CALLON
INSPECTEUR GÉNÉRAL DES MINES

DEUXIÈME PARTIE

COURS D'EXPLOITATION DES MINES

TOME PREMIER

ATLAS

PARIS

DUNOD, ÉDITEUR

LIBRAIRE DES CORPS DES PONTS ET CHAUSSÉES ET DES MINES

49, QUAI DES AUGUSTINS, 49

1874

PARIS — IMP. SIMON RAÇON ET COMP., RUE D'ERFURTH, 1.

COURS D'EXPLOITATION DES MINES

TABLE DES FIGURES

CONTENUES DANS LES PLANCHES

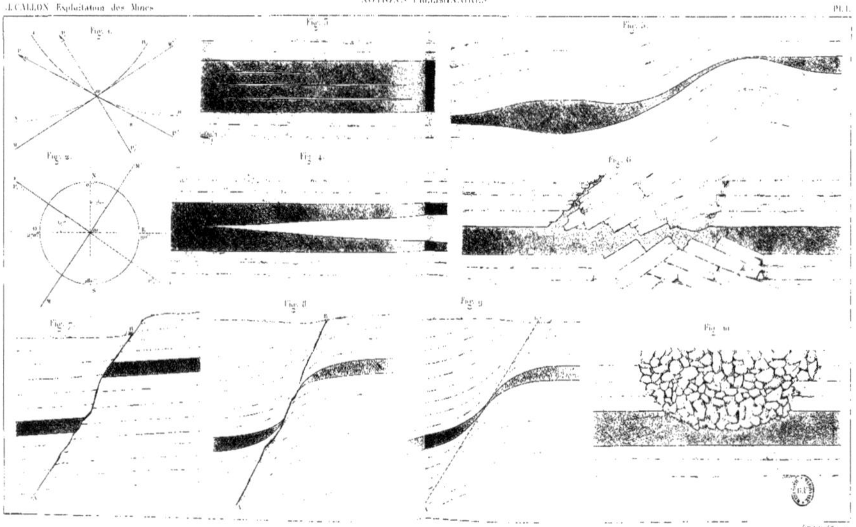

Fig. 1.
Fig. 2.
Fig. 3.
Fig. 4.
Fig. 5.
Fig. 6.
Fig. 7.
Fig. 8.
Fig. 9.
Fig. 10.

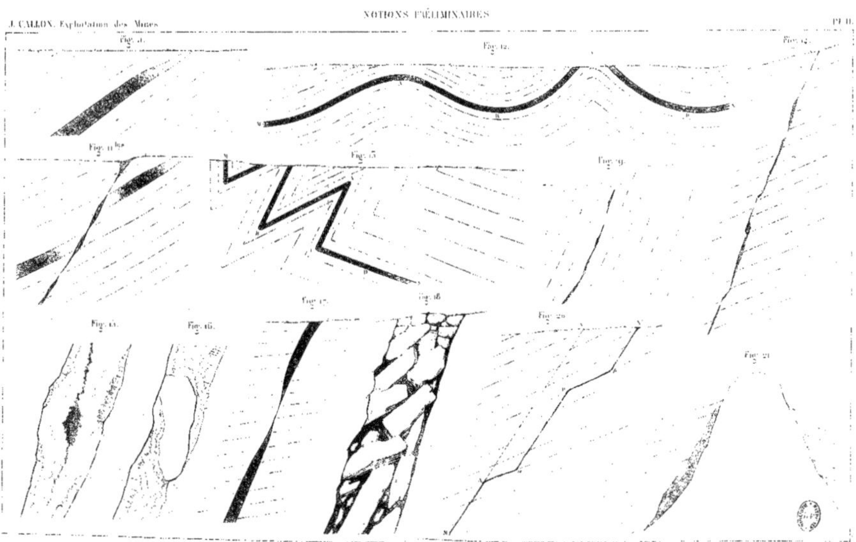
NOTIONS PRÉLIMINAIRES
J. CALLON, Exploitation des Mines
Pl. II.
Fig. 12.
Fig. 13.
Fig. 19.
Fig. 17.
Fig. 18.
Fig. 16.
Fig. 20.
Fig. 21.

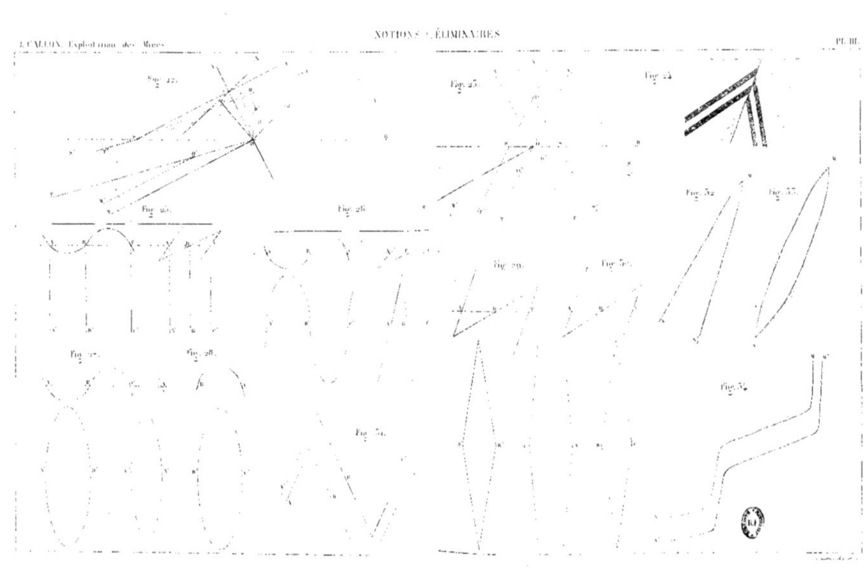
J. CALLON, Exploitation des Mines
NOTIONS PRÉLIMINAIRES
Pl. III.

J. CALLON Exploitation des Mines

GISÉMENTS EN COUCHES.

Pl. IV.

BASSIN HOUILLER DE MONS

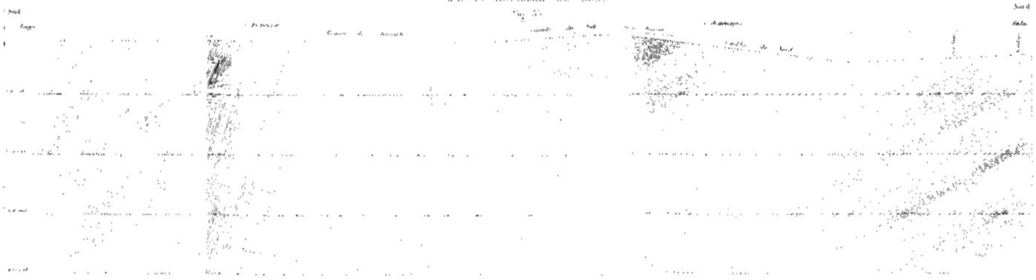

BASSIN HOUILLER DE LIÈGE

J. CALLON. Exploitation des Mines.

Pl. V.

GISEMENTS EN COUCHES

BASSIN HOUILLER DE NEWCASTLE

BASSIN HOUILLER DE LA GRAND'COMBE

BASSIN HOUILLER DE RONCHAMPS

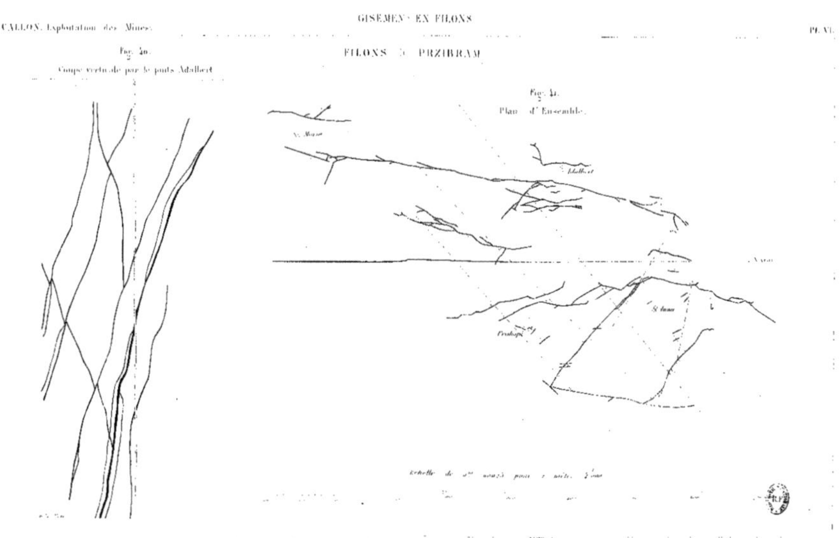
FILONS DE PRZIBRAM
Fig. 40.
Coupe verticale par le puits Adalbert
Fig. 41.
Plan d'Ensemble.
Adalbert
St Anna

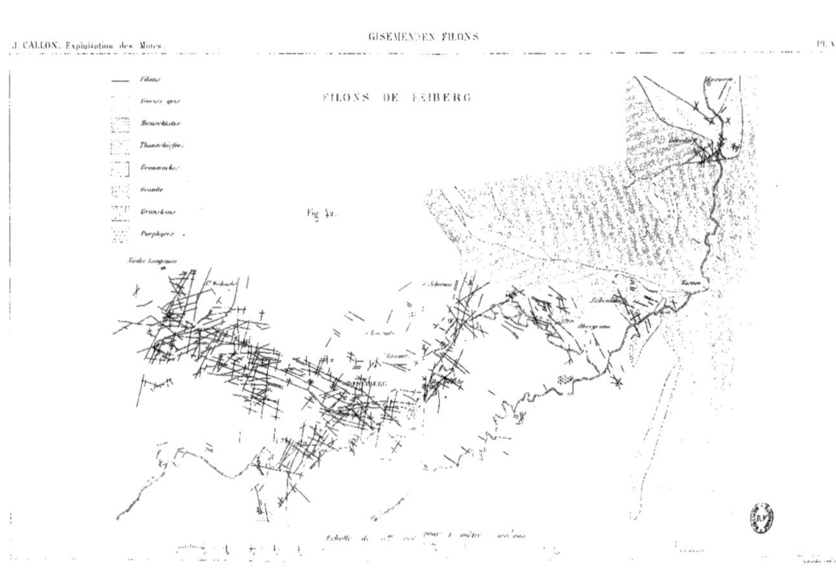

FILONS DE FREIBERG
Filons
Gneiss gris
Micaschistes
Thonschiefer
Grauwacke
Granite
Grünstein
Porphyres
FREIBERG

Fig. 42.

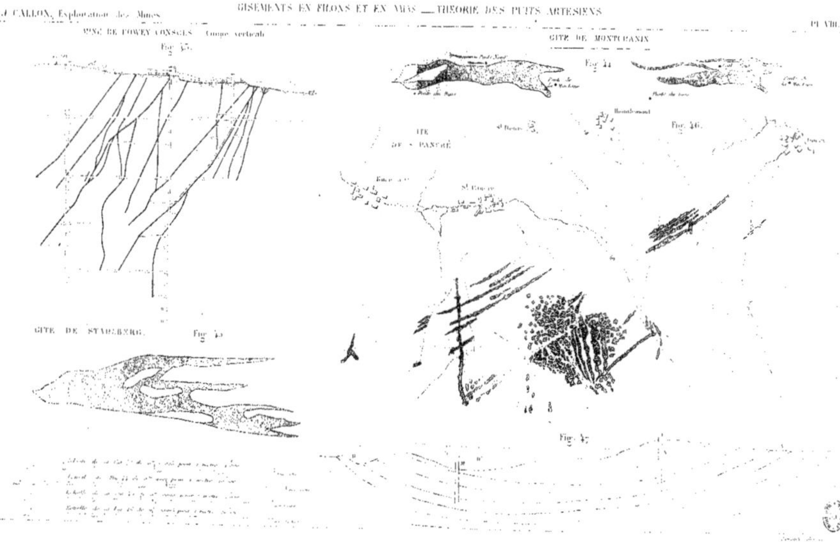
GITE DE MONTCHANIN
Fig. 44
Fig. 46.
Fig. 47
GITE DE STAHLBERG.

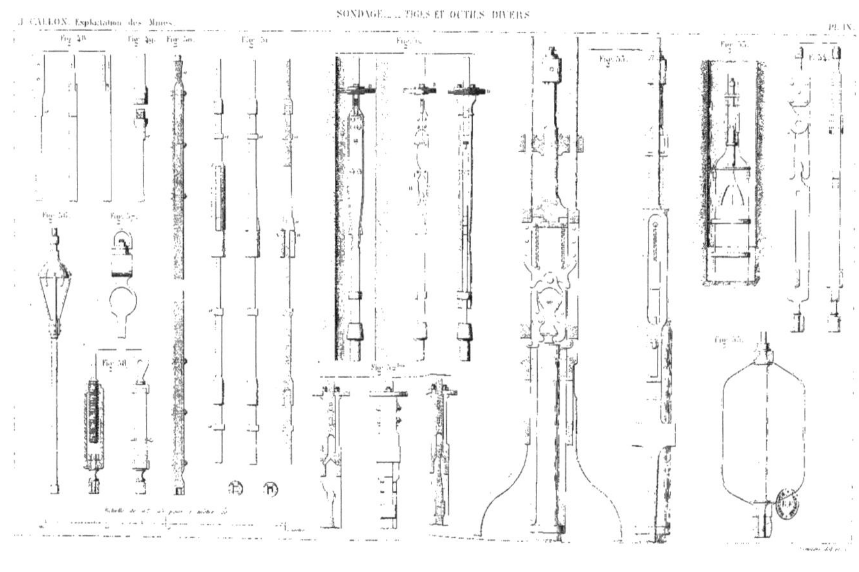
SONDAGE... TIGES ET OUTILS DIVERS
J. CALLON, Exploitation des Mines.
Pl. IX.

SONDAGE. — TÊTE DE TIGE ET OUTILS DIVERS

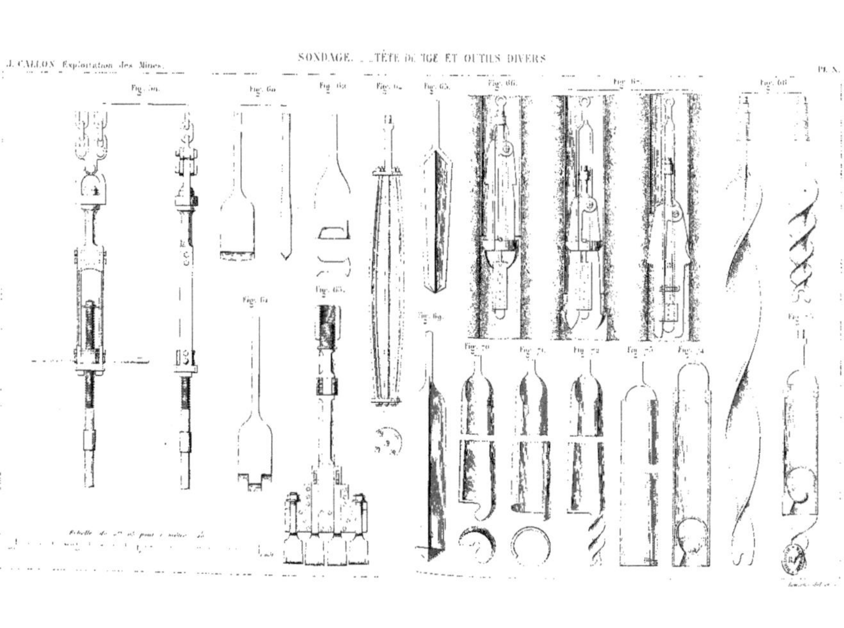

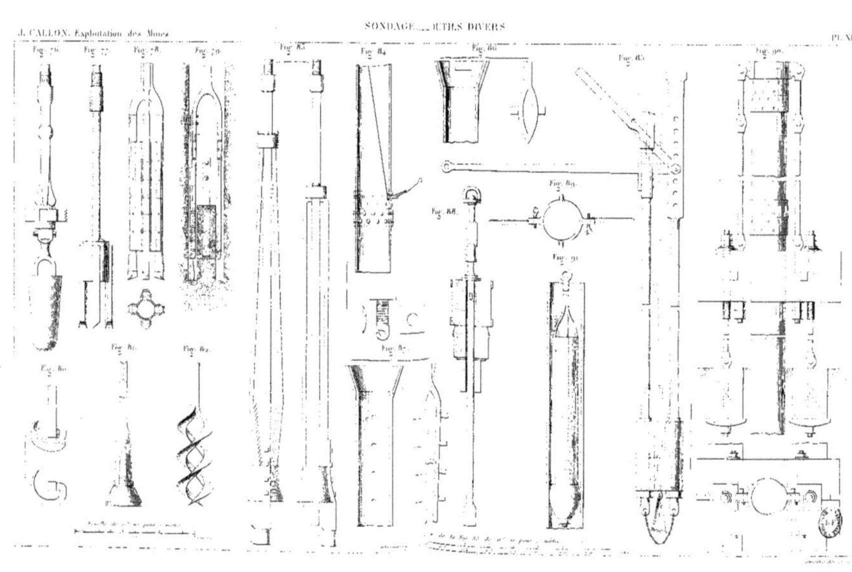
J. CALLON. Exploitation des Mines
SONDAGE — OUTILS DIVERS
Pl. XI.

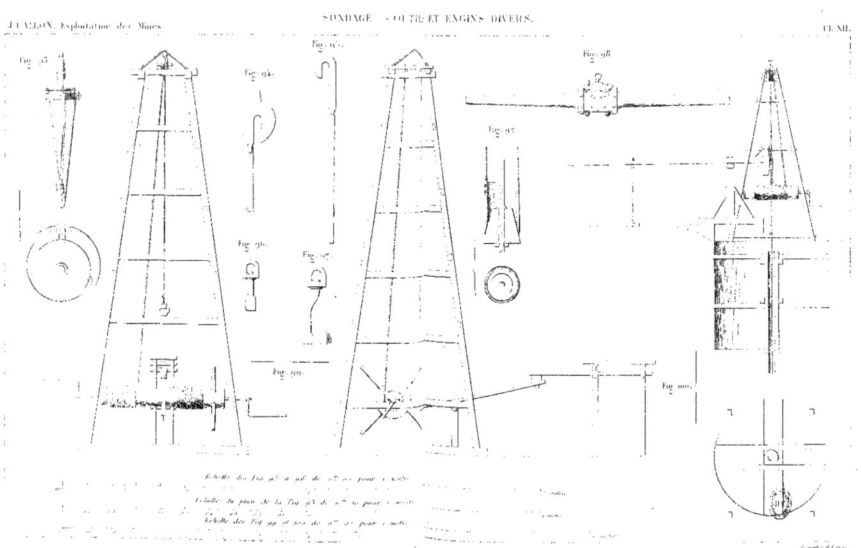
SONDAGE. OUTILS ET ENGINS DIVERS.
Pl. XII.
Fig. 98
Fig. 100.

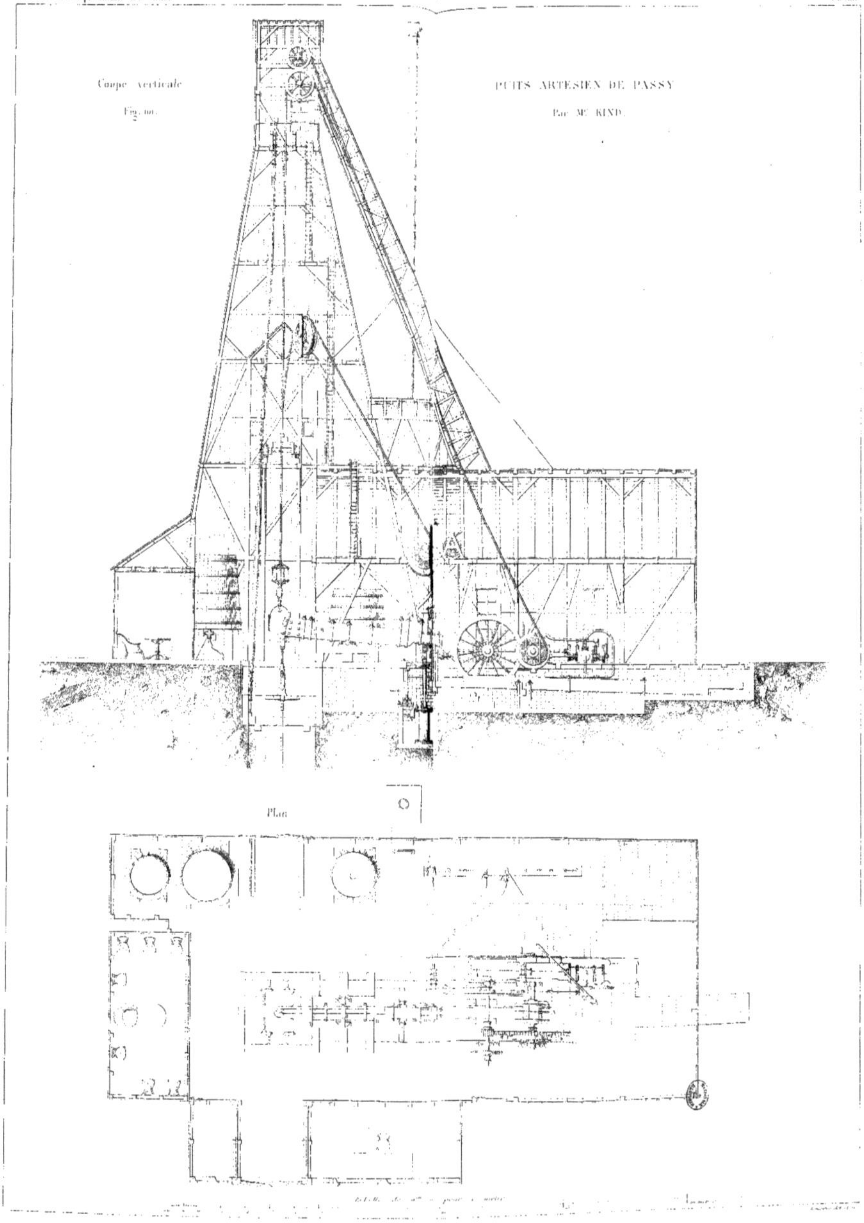

Coupe verticale

Fig. 101.

PUITS ARTÉSIEN DE PASSY

Par M. KIND.

Plan

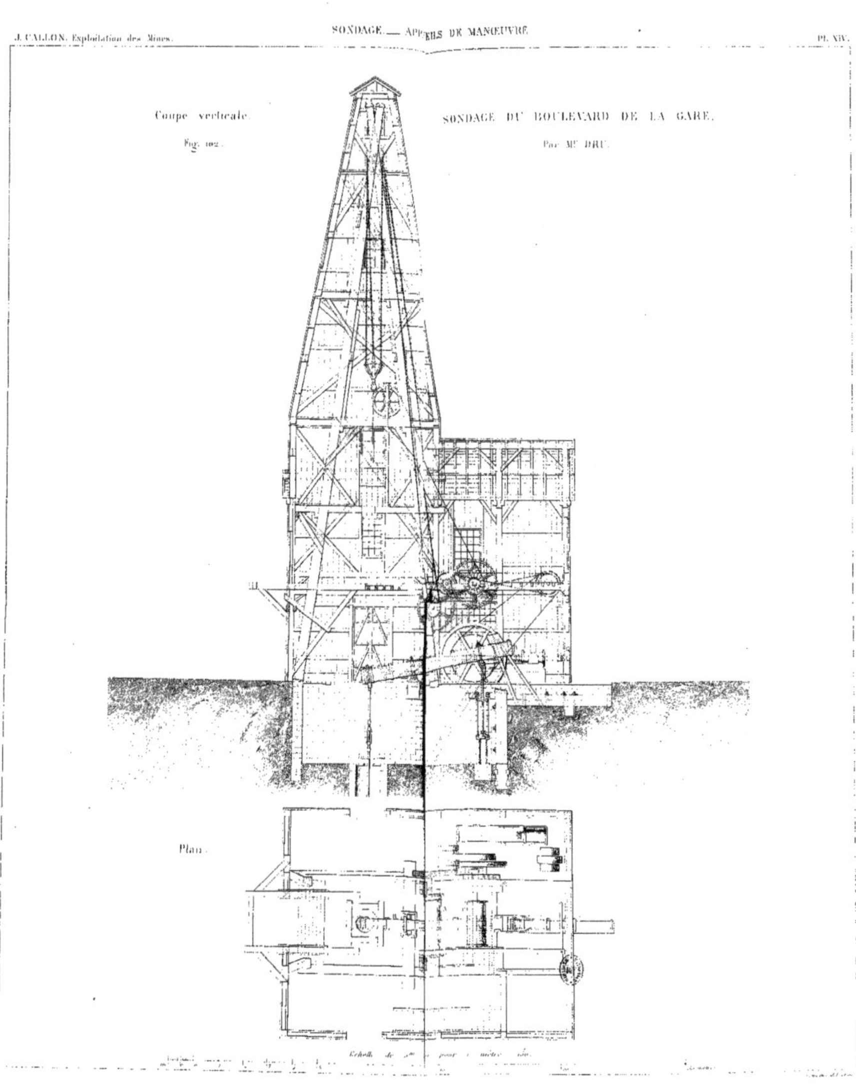
Coupe verticale.
Fig. 102.
SONDAGE DU BOULEVARD DE LA GARE.
Par Mr DRU.
Plan.

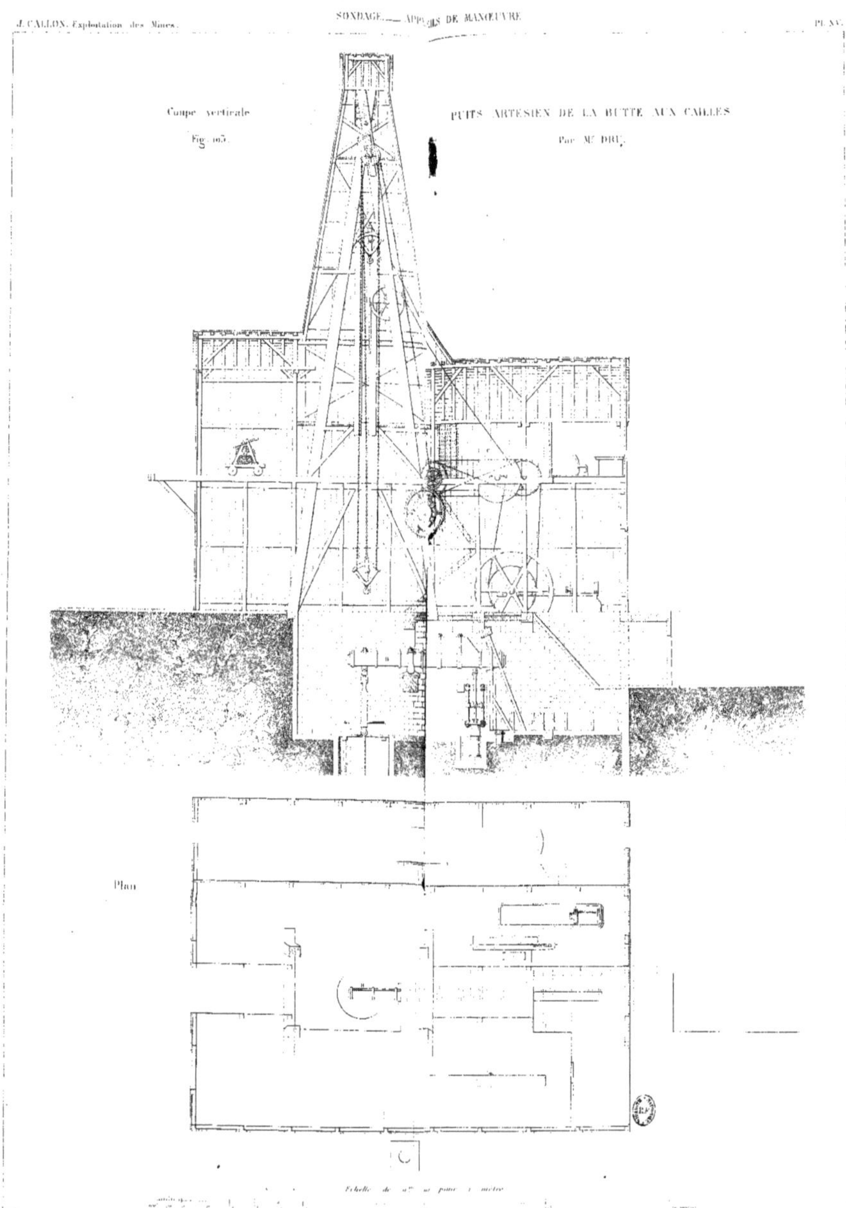
J. CALLON. Exploitation des Mines.
SONDAGE. — APPAREILS DE MANŒUVRE
Pl. XV.
Coupe verticale
Fig. 105.
PUITS ARTESIEN DE LA BUTTE AUX CAILLES
Par M. DRU.
Plan

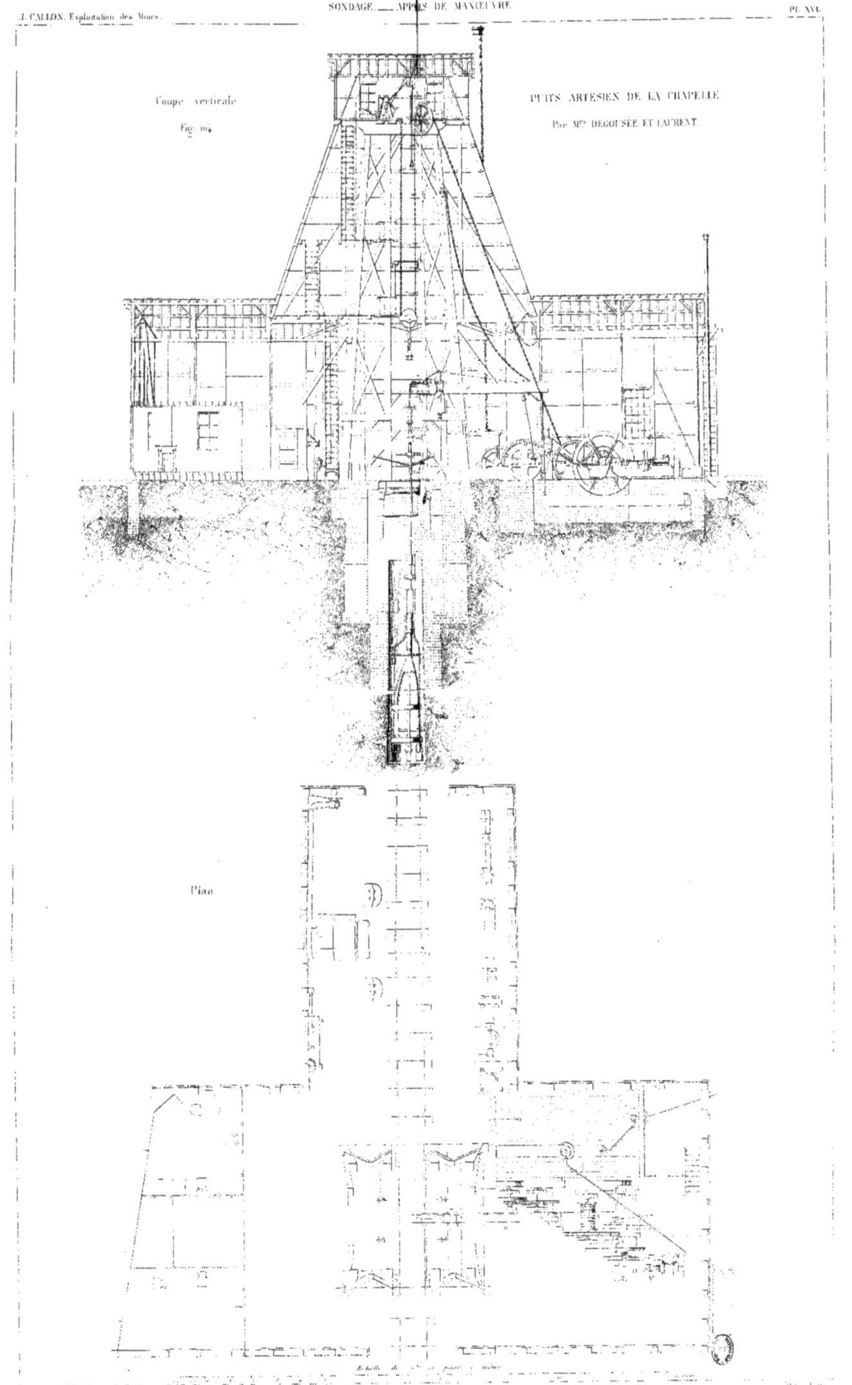
Coupe verticale
Fig. 104
PUITS ARTÉSIEN DE LA CHAPELLE
Par MM. DEGOUSÉE ET LAURENT.
Plan

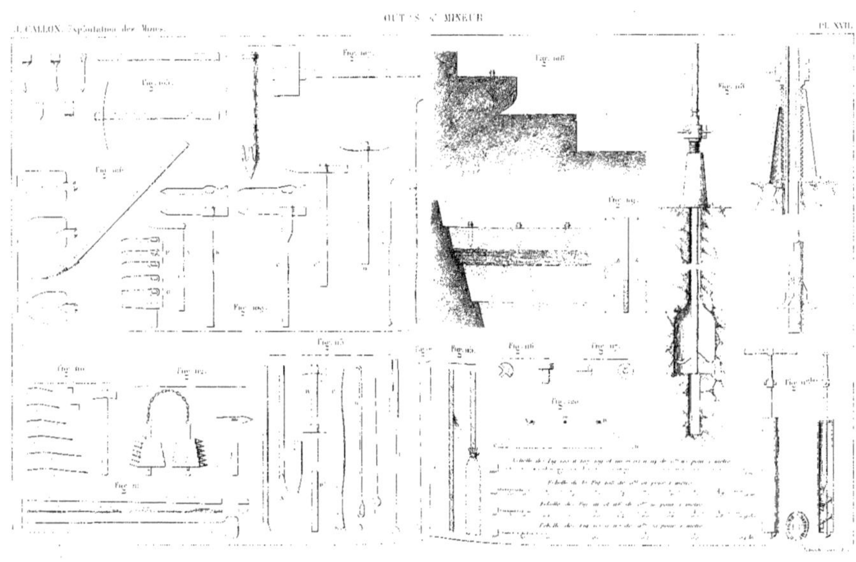
J. CALLON. Exploitation des Mines.
OUTILS DU MINEUR
Pl. XVII.

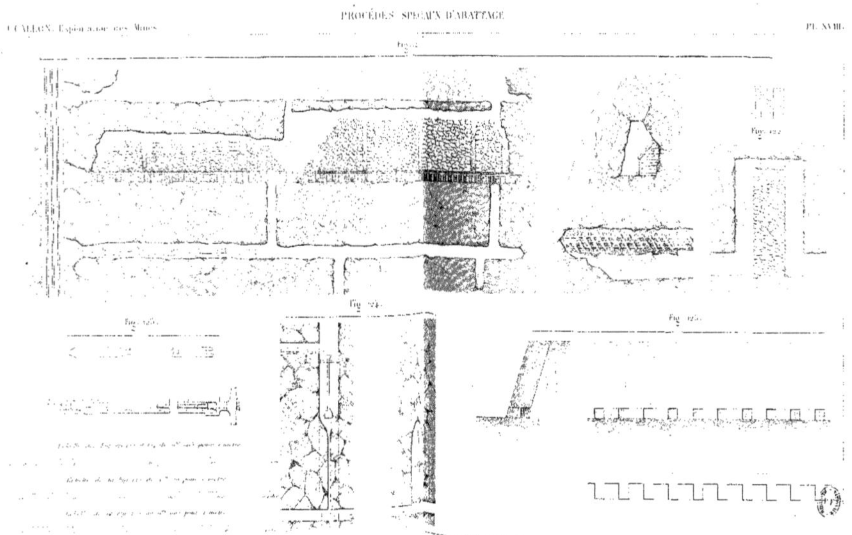
PROCÉDÉS SPÉCIAUX D'ABATTAGE
Pl. XVIII.

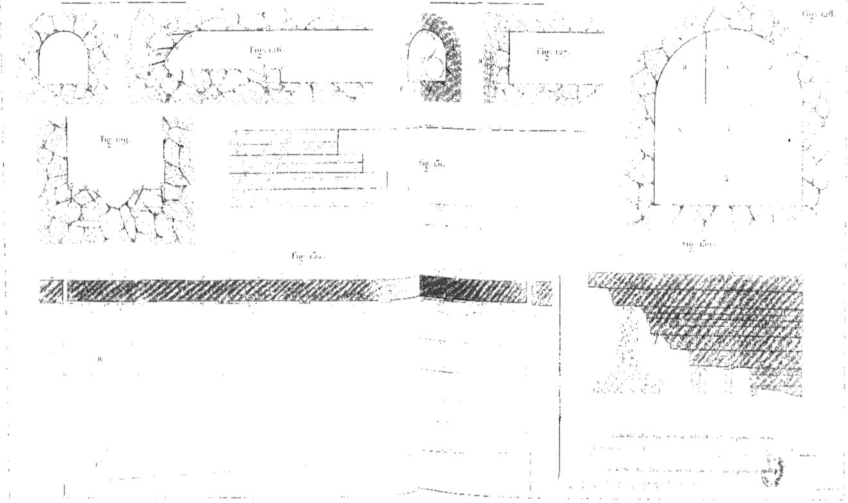
EXÉCUTION DES TRAVAUX SOUTERRAINS
Pl. XIX.

ABATTAGE PAR DES MOYENS MÉCANIQUES _ APPAREILS LISBET, LESCHOT, GAY.

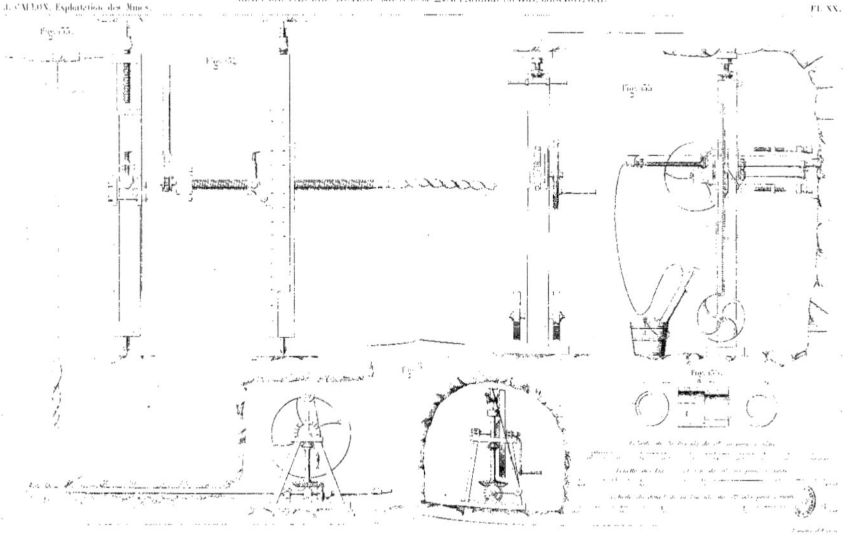

ABATTAGE PAR DES MOYENS MÉCANIQUES — APPAREILS DELAHAYE, HAVEUSE CARRETT ET MARSHAL

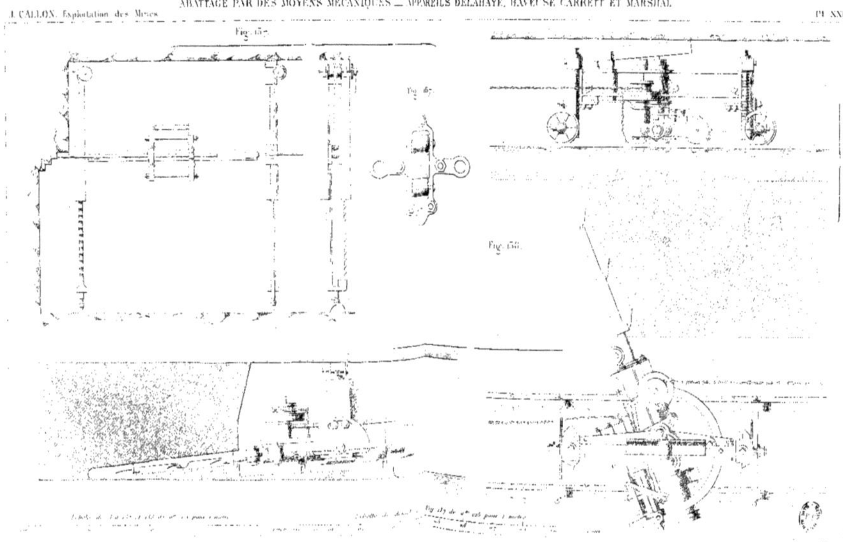

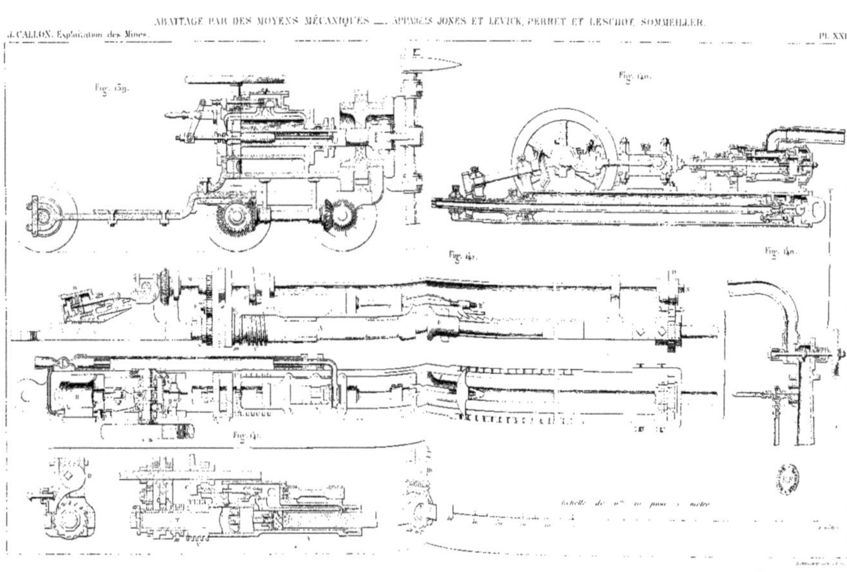
ABATTAGE PAR DES MOYENS MÉCANIQUES — APPAREILS JONES ET LEVICK, PERRET ET LESCHOT, SOMMEILLER.
J. CALLON. Exploitation des Mines.
Pl. XXII
Fig. 139.
Fig. 140.
Fig. 141.
Fig. 142.
Fig. 141.

ABATAGE PAR DES MOYENS MÉCANIQUES — AFFÛT DE L'APPAREIL SOMMEILLER

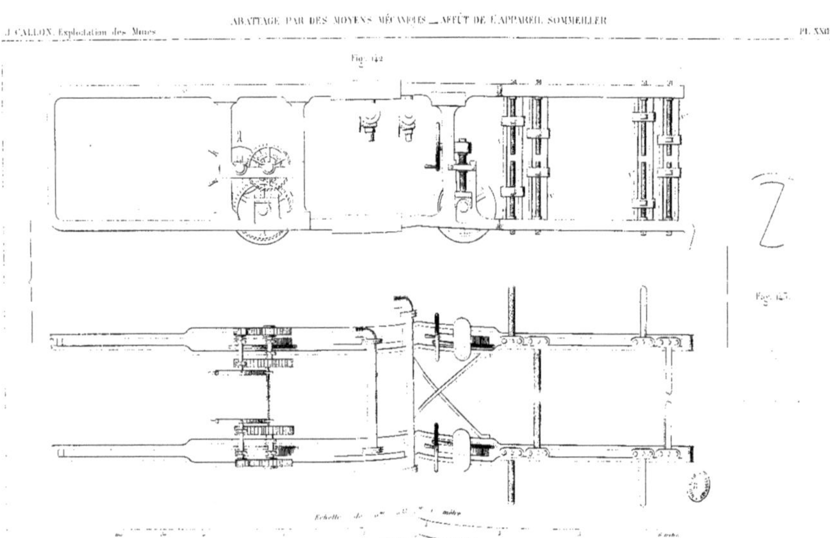

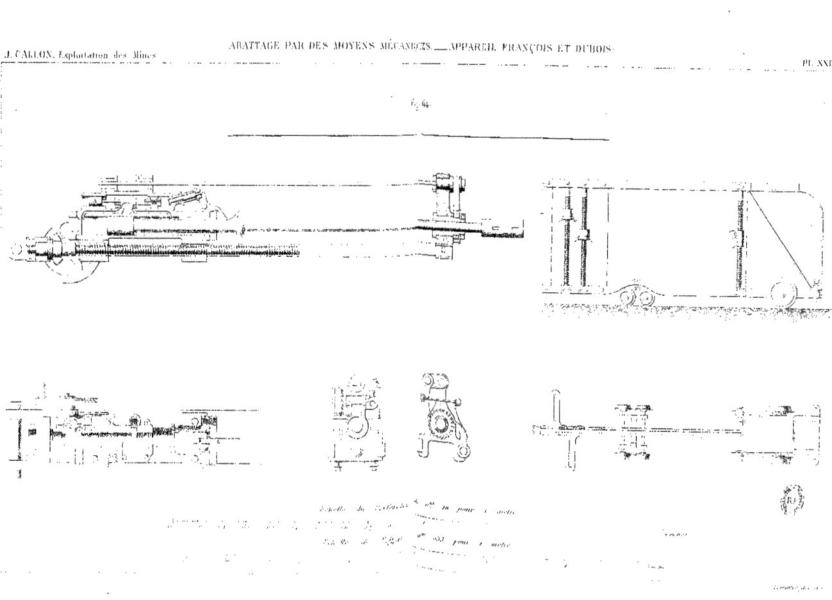
J. CALLON, Exploitation des Mines
ABATTAGE PAR DES MOYENS MÉCANIQUES — APPAREIL FRANÇOIS ET DUBOIS
Pl. XXIV.

BOISAGE DES TRAVAUX SOUTERRAINS

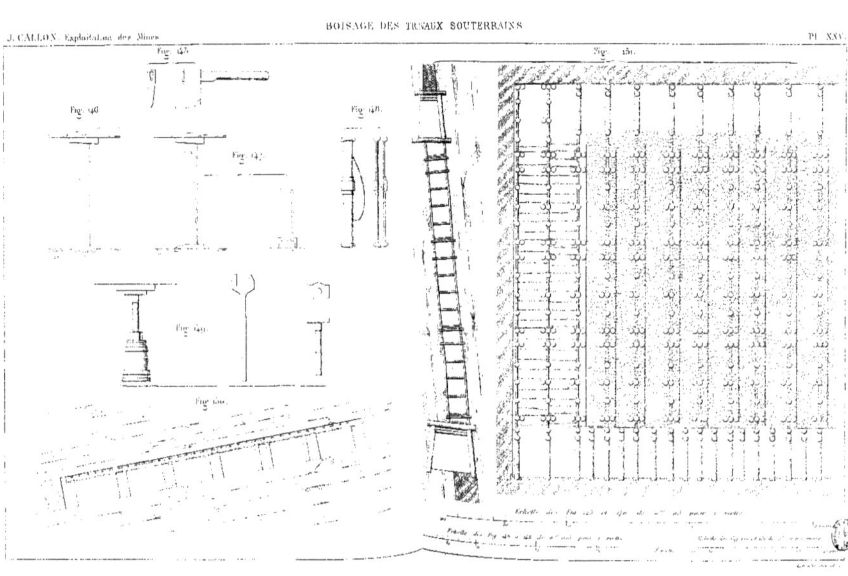

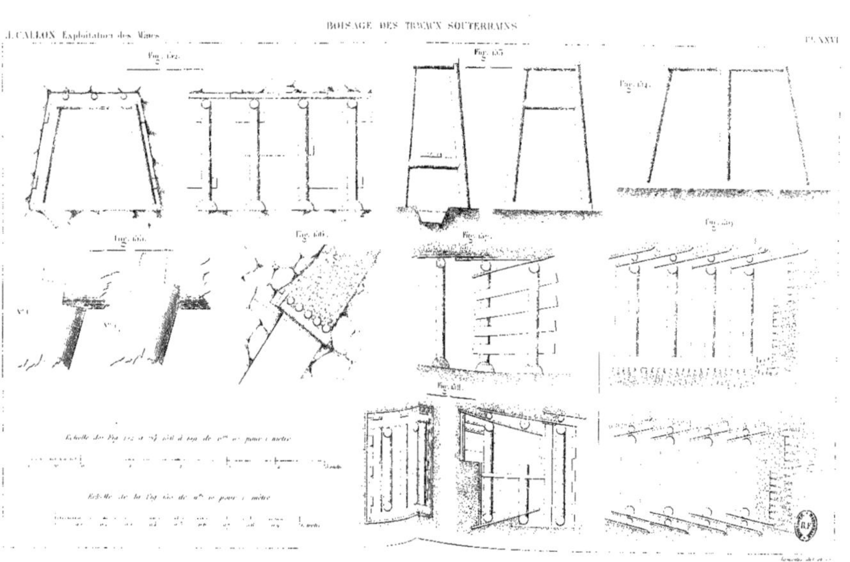
J. CALLON Exploitation des Mines
BOISAGE DES TRAVAUX SOUTERRAINS
Pl. XXVI

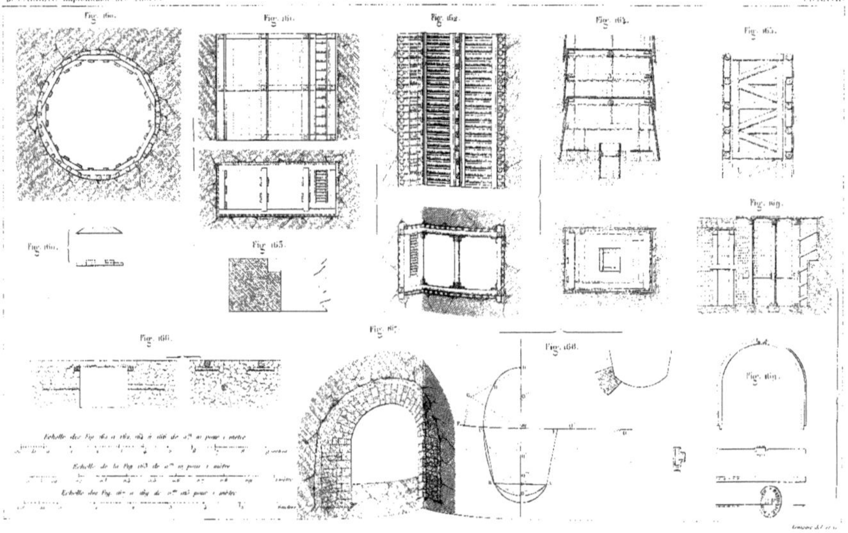

J. CALLON. Exploitation des Mines.

BOISAGE ET MURAILLEMENT DES TRAVAUX SOUTERRAINS.

Pl. XXVII.

Fig. 160. Fig. 161. Fig. 162. Fig. 163. Fig. 164. Fig. 165. Fig. 166. Fig. 167. Fig. 168. Fig. 169.

MURAILLEMENT DES TRAVAUX SOUTERRAINS

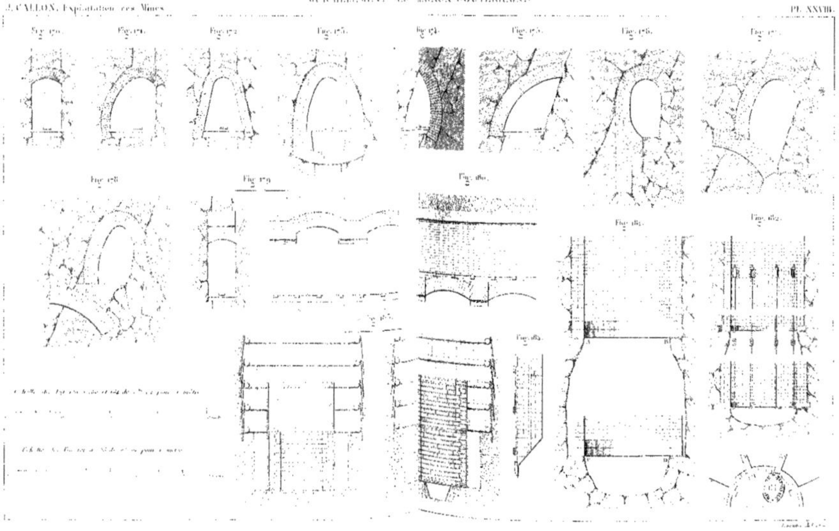

Fig. 170. Fig. 171. Fig. 172. Fig. 173. Fig. 174. Fig. 175. Fig. 176. Fig. 177.

Fig. 178. Fig. 179. Fig. 180. Fig. 181. Fig. 182. Fig. 183. Fig. 184.

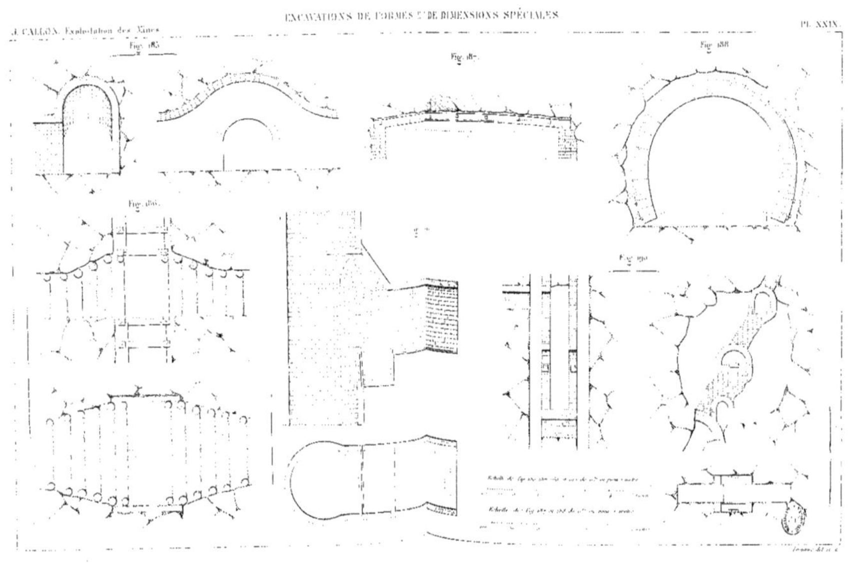
EXCAVATIONS DE FORMES ET DE DIMENSIONS SPÉCIALES
J. CALLON. Exploitation des Mines
Pl. XXIX.
Fig. 185
Fig. 187
Fig. 188
Fig. 186
Fig. 190

EXCAVATIONS DE FORMES ET DE DIMENSIONS SPÉCIALES

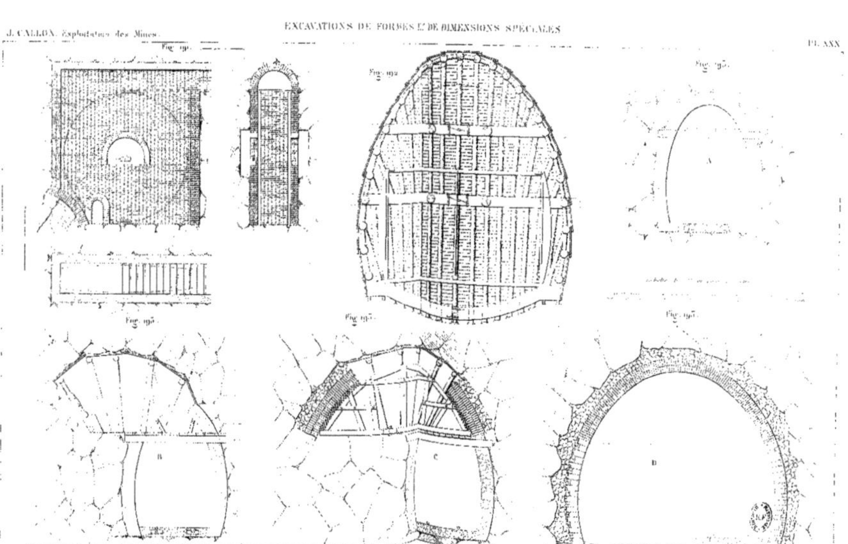

J. CALLON. Exploitation des Mines.

CUVELAGE ORDINAIRE. _ PROCÉDÉ TRIGER. _ PROCÉDÉ GUIBAL.

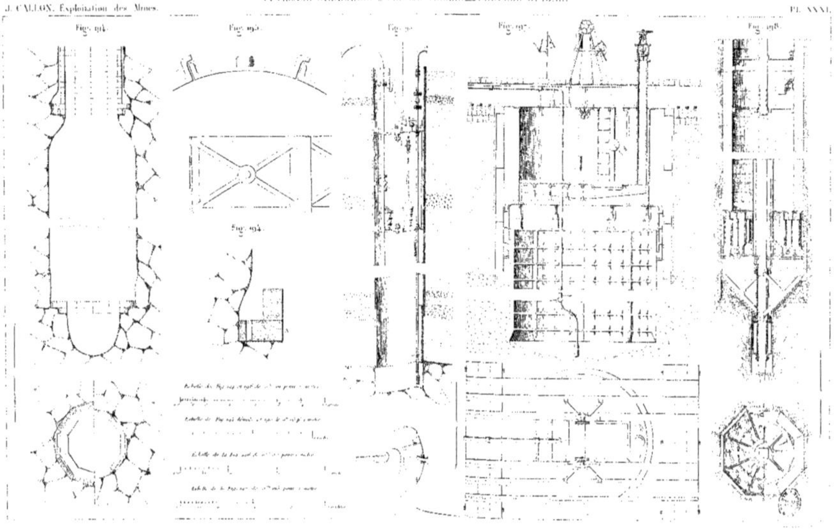

Pl. XXXI.

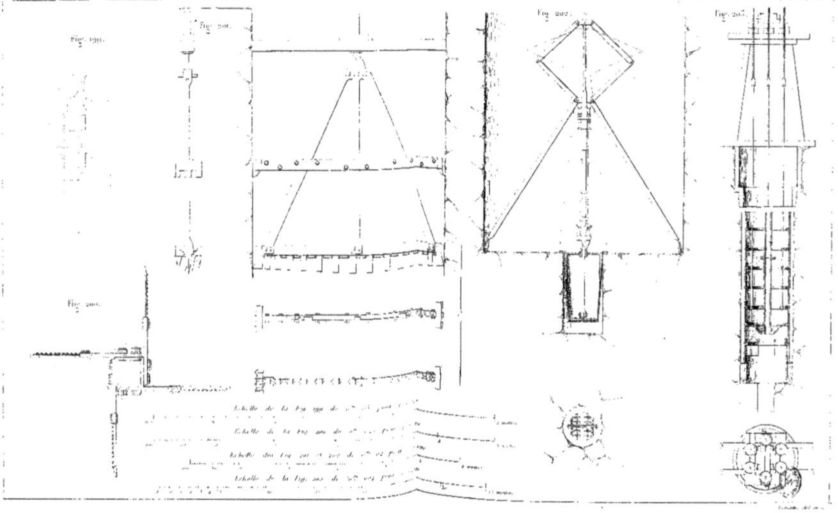

SUITE DU PROCÉDÉ GUIBAL. _ PROCÉDÉ KIND ET CHAUDRON.

Fig. 199.

Fig. 200.

Fig. 201.

Fig. 202.

Fig. 203.

Echelle de la Fig. 199 …

Echelle de la Fig. 200 …

Echelle des Fig. 201 et 202 …

Echelle de la Fig. 203 …

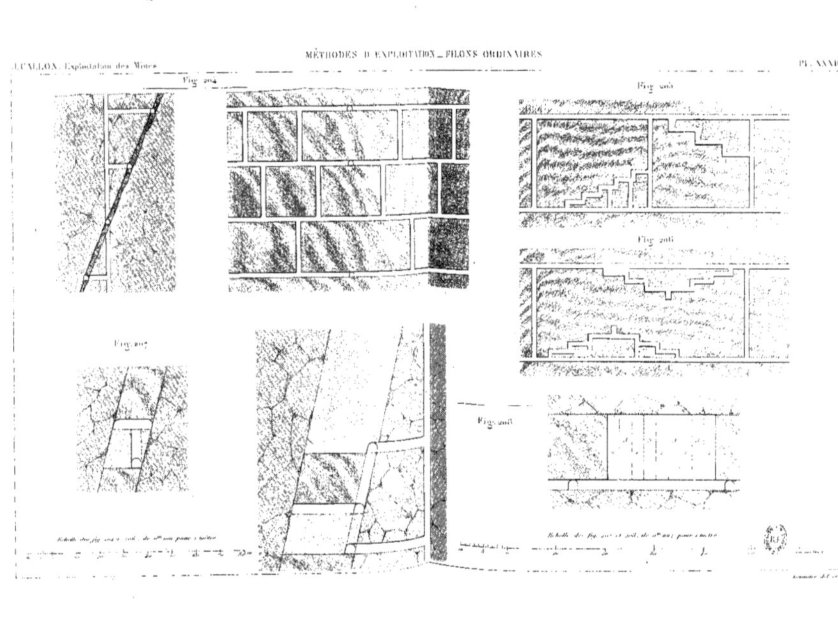
MÉTHODES D'EXPLOITATION _ FILONS ORDINAIRES
J. CALLON. Exploitation des Mines
Pl. XXXIII.
Fig. 204
Fig. 205
Fig. 206
Fig. 207
Fig. 208

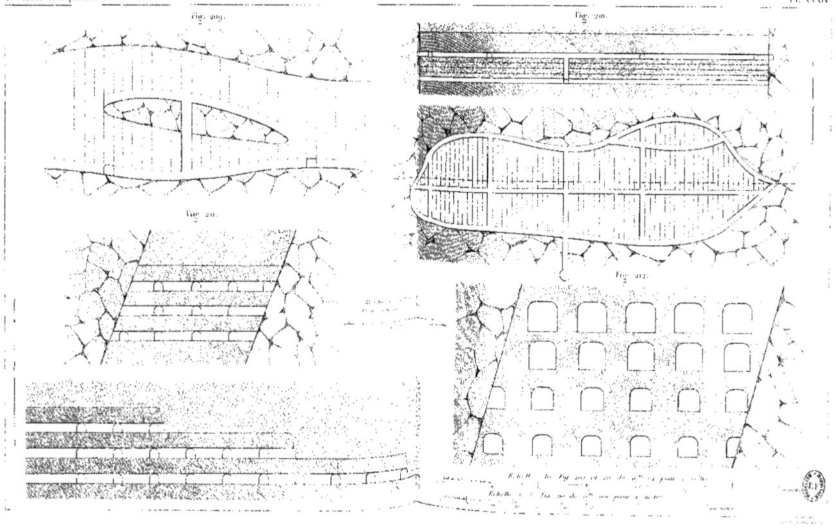

Fig. 209.

Fig. 210.

Fig. 211.

Fig. 212.

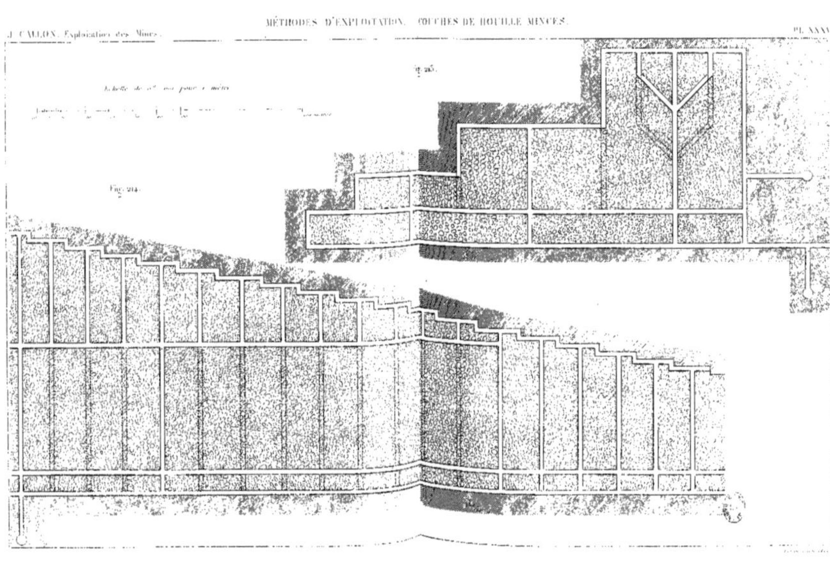
J. CALLON, Exploitation des Mines.
MÉTHODES D'EXPLOITATION. COUCHES DE HOUILLE MINCES.
Pl. XXXV
Fig. 214.

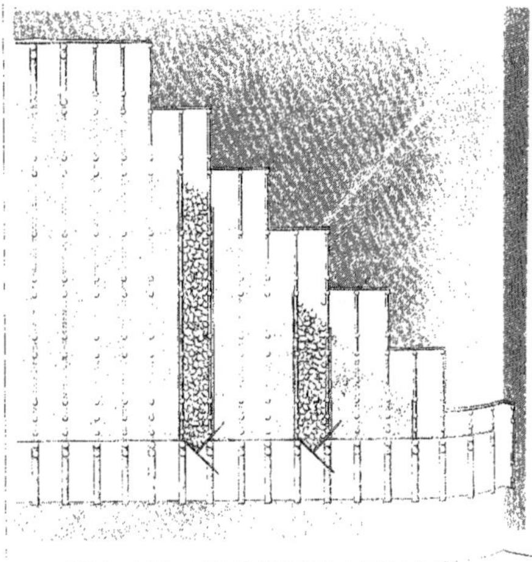

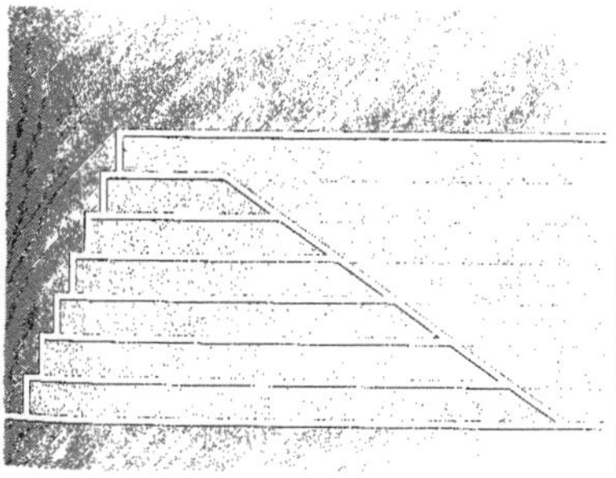

Fig. 266.

MÉTHODES D'EXPLOITATION _ COUCHES DE HOUILLE DE PUISSANCE MOYENNE

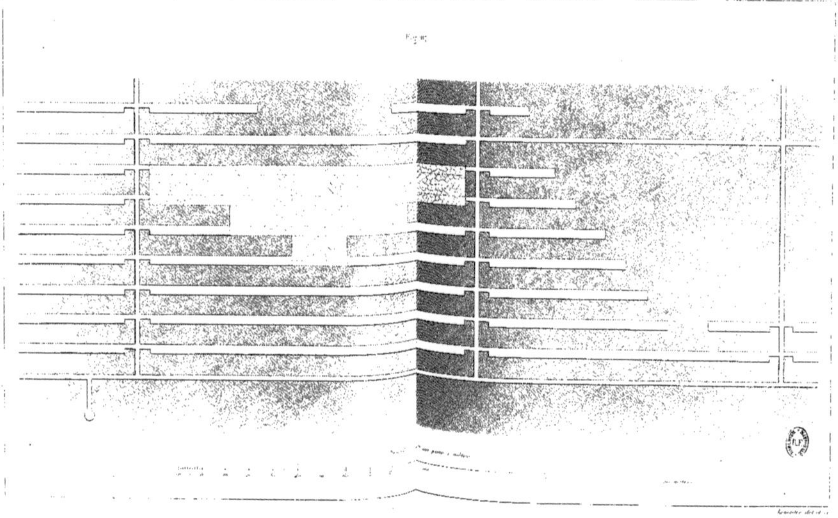

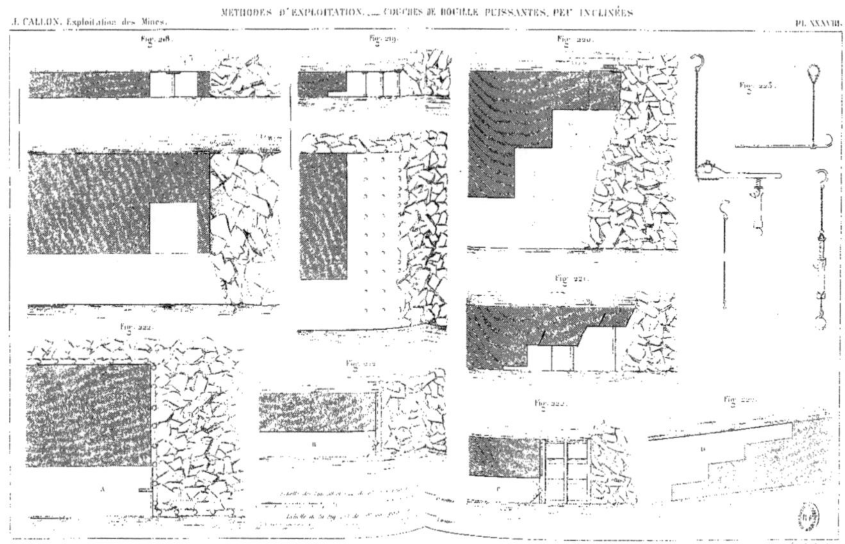
MÉTHODES D'EXPLOITATION. — COUCHES DE HOUILLE PUISSANTES, PEU INCLINÉES
J. CALLON, Exploitation des Mines.
Pl. XXXVIII.
Fig. 218.
Fig. 219.
Fig. 220.
Fig. 223.
Fig. 221.
Fig. 222.
A
B
C
D

MÉTHODES D'EXPLOITATION. _ COUCHES DE HOUILLE PUISSANTES DIVERSEMENT INCLINÉES.

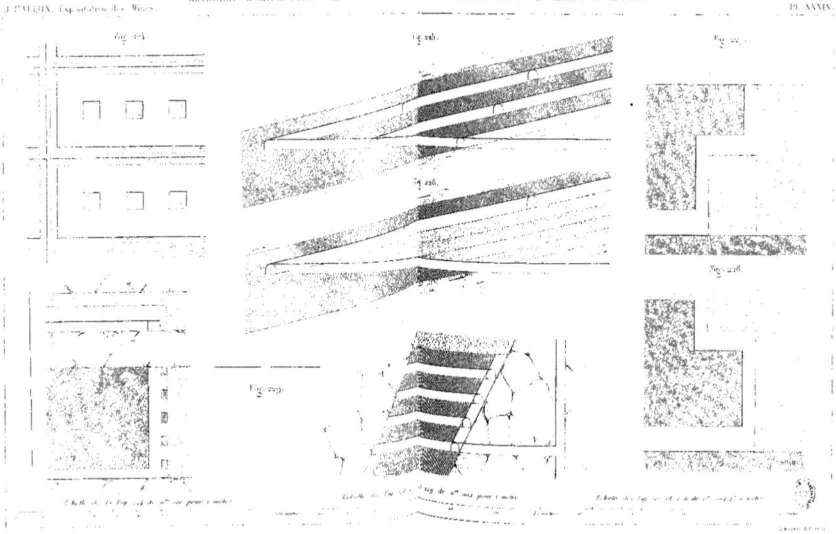

Fig. 225.

Fig. 226.

Fig. 228.

Fig. 229.

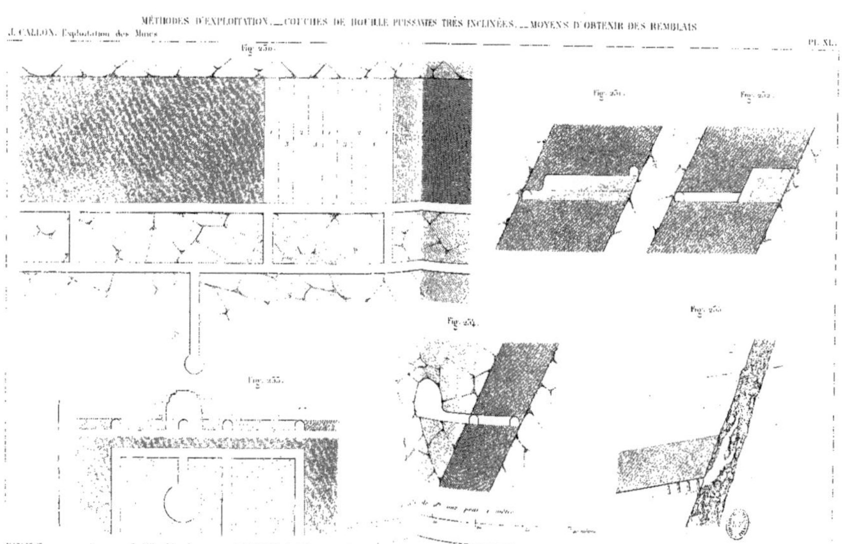
MÉTHODES D'EXPLOITATION. — COUCHES DE HOUILLE PUISSANTES TRÈS INCLINÉES. — MOYENS D'OBTENIR DES REMBLAIS
J. CALLON. Exploitation des Mines
Pl. XL.
Fig. 250.
Fig. 251.
Fig. 252.
Fig. 253.
Fig. 254.
Fig. 255.

www.ingramcontent.com/pod-product-compliance
Ingram Content Group UK Ltd.
Pitfield, Milton Keynes, MK11 3LW, UK
UKHW021543260726
13993UKWH00002B/594

9 782329 484600